上海市工程建设规范

建筑工程装饰抹灰技术标准

Technical standard for building engineering decorational plastering

DG/TJ 08—2357—2021
J 15648—2021

主编单位：上海建工集团股份有限公司
　　　　　上海市建筑装饰工程集团有限公司
批准部门：上海市住房和城乡建设管理委员会
施行日期：2021 年 8 月 1 日

同济大学出版社

2021　上海

图书在版编目(CIP)数据

建筑工程装饰抹灰技术标准/上海建工集团股份有限公司,上海市建筑装饰工程集团有限公司主编. —上海:同济大学出版社,2021.7
　　ISBN 978-7-5608-8486-8

　　Ⅰ. ①建… Ⅱ. ①上… ②上… Ⅲ. ①抹灰－技术标准－上海 Ⅳ. ①TU754.2-65

中国版本图书馆 CIP 数据核字(2021)第 126438 号

建筑工程装饰抹灰技术标准

上海建工集团股份有限公司
上海市建筑装饰工程集团有限公司　　　主编

策划编辑　　张平官
责任编辑　　朱　勇
责任校对　　徐春莲
封面设计　　陈益平

出版发行　　同济大学出版社　　www.tongjipress.com.cn
　　　　　　(地址:上海市四平路1239号　邮编:200092　电话:021－65985622)
经　　销　　全国各地新华书店
印　　刷　　浦江求真印务有限公司
开　　本　　889mm×1194mm　1/32
印　　张　　2
字　　数　　54 000
版　　次　　2021年7月第1版　　2021年7月第1次印刷
书　　号　　ISBN 978-7-5608-8486-8
定　　价　　20.00 元

上海市住房和城乡建设管理委员会文件

沪建标定〔2021〕88 号

上海市住房和城乡建设管理委员会
关于批准《建筑工程装饰抹灰技术标准》
为上海市工程建设规范的通知

各有关单位：

由上海建工集团股份有限公司、上海市建筑装饰工程集团有限公司主编的《建筑工程装饰抹灰技术标准》，经我委审核，现批准为上海市工程建设规范，统一编号为 DG/TJ 08—2357—2021，自 2021 年 8 月 1 日起实施。

本规范由上海市住房和城乡建设管理委员会负责管理，上海建工集团股份有限公司负责解释。

特此通知。

上海市住房和城乡建设管理委员会
二〇二一年二月十日

前　言

根据上海市住房和城乡建设管理委员会《关于印发〈2018 年上海市工程建设规范和标准设计编制计划〉的通知》（沪建标定〔2017〕898 号）的要求，由上海建工集团股份有限公司和上海市建筑装饰工程集团有限公司会同有关单位，经广泛调查研究，借鉴国内外先进经验，充分考虑上海地方因素，总结相关实践经验，在征求意见的基础上，制定了本标准。

本标准的主要内容有：总则；术语；基本规定；材料和工具；构造设计；装饰抹灰施工；检查和验收；施工安全与作业条件。

各单位及相关人员在执行本标准过程中，如有意见和建议，请反馈至上海市住房和城乡建设管理委员会（地址：上海市大沽路 100 号；邮编：200003，E-mail：shjsbzgl@163.com）、上海建工集团股份有限公司（地址：上海市东大名路 666 号；邮编：200080；E-mail：scgbzgfs@163.com）、上海市建筑建材业市场管理总站（地址：上海市小木桥路 683 号；邮编：200032；E-mail：shgcbz@163.com），以供今后修订时参考。

主 编 单 位：上海建工集团股份有限公司
　　　　　　　上海市建筑装饰工程集团有限公司
参 编 单 位：上海市装饰装修协会
　　　　　　　上海市建设工程安全质量监督总站
　　　　　　　上海建工四建集团有限公司
　　　　　　　上海园林（集团）有限公司
　　　　　　　上海建工设计研究总院有限公司
　　　　　　　上海灵昀建筑工程有限公司

主要起草人:龚　剑　王美华　连　珍　李　佳　魏永明
　　　　　　江旖旎　王辉平　张　铭　刘　淳　谷志旺
　　　　　　葛倩华　金磊铭　虞嘉盛　周晓莉　朱祥明
　　　　　　郑　琼　李　祺　叶艳红　洪隽琰　陈　怡
　　　　　　张梓升　张天骏　曹　盈
主要审查人:沈三新　赵为民　陈中伟　郑　宁　徐亚玲
　　　　　　顾陆忠　沈晓明

上海市建筑建材业市场管理总站

目　次

Contents

1 总　则

1.0.1　为加强建筑工程装饰抹灰施工过程管理,规范装饰抹灰施工要求,保证工程质量,制定本标准。

1.0.2　本标准适用于本市新建、扩建、改建建筑中的装饰抹灰工程。

1.0.3　建筑工程装饰抹灰除应符合本标准外,尚应符合国家、行业和本市现行有关标准的规定。

2 术 语

2.0.1 装饰抹灰 building decoration plaster

通过操作工艺及材料的组合,提升建筑装饰肌理效果的墙面处理方式。

2.0.2 底层抹灰 scratch plaster

在结构墙体及造型钢骨架外包覆金属网/纤维网上施工的抹灰层。又称"刮糙层"。

2.0.3 中层抹灰 brown plaster

居于底层和面层抹灰层之间、具有调整抹灰平整度作用的抹灰层。又称"找平层"。

2.0.4 面层抹灰 carve plaster

抹灰的表面层,具有装饰、艺术、仿真及修饰效果。

2.0.5 干粉砂浆 dry-mixed mortar

由专业生产厂生产的一种干状混合物,既可由专用罐车运输至工地加水拌和使用,也可采用包装形式运到工地拆包加水拌和使用。又称"干混砂浆"。

2.0.6 水刷石 shanghai plaster

将水泥、石子等骨料或颜料等按一定比例加水拌和,抹在建筑墙体表面,半凝固后用毛刷蘸水洗去表面水泥浆,使石子半露的墙体饰面。又称汰石子、水洗石。

2.0.7 斩假石 artificial stone

中层抹灰上的水泥石屑浆面层经养护达到一定强度后,用斩、剁等方法,形成的具有石材肌理纹路效果的装饰面层。

2.0.8 干粘石 drydash

在中层抹灰层上涂抹粘结砂浆,均匀撒上石子或卵石,并将石子或卵石压入粘结砂浆中,使其半露而形成的装饰抹灰。

2.0.9 水磨石 terrazzo stone

　　将水泥、彩色石子等骨料以及颜料拌和而成的水泥石子浆,经表面研磨、抛光形成仿大理石效果的人造大理石装饰面。也称磨石子。

2.0.10 雕塑抹灰 articulation plaster

　　具有三维或二维造型图案的艺术仿真效果,采用推、拉、堆、磨、刻等水泥塑型的手法,实现三维或二维效果的抹灰饰面工艺。

2.0.11 上色 theme painting

　　在素色装饰抹灰表面添加颜色,使之更加具有艺术、仿真、雕塑表现力的一种工艺。

3 基本规定

3.0.1 装饰抹灰材料进场前应检查产品名称、批号、日期等。

3.0.2 抹灰作业环境温度应控制在 5 ℃~35 ℃之间。

3.0.3 施工前,应根据设计图纸制作艺术造型图案模型及样板。

3.0.4 结构墙体表面抹灰前应清除干净尘土、污垢和油渍,并应保持湿润或实施界面处理。

3.0.5 除有特定要求的雕塑抹灰之外,装饰抹灰的底层和中层抹灰应采用保质期内的干粉砂浆。

3.0.6 抹灰作业应在结构墙体质量验收合格后方可进行。

3.0.7 干粉砂浆应符合现行上海市工程建设规范《预拌砂浆应用技术规程》DG/TJ 08—502 的规定,采用机械搅拌,保证搅拌均匀。

4 材料和工具

4.1 一般规定

4.1.1 水泥进场应具有出厂合格证书和性能检测报告,出厂期限超过 3 个月应重新进行复验,并应按复验结果使用。

4.1.2 面层抹灰中的水泥应采用强度等级不低于 32.5 MPa 的矿渣硅酸盐水泥或粉煤灰硅酸盐水泥或火山灰质硅酸盐水泥;硅酸盐水泥应符合现行国家标准《通用硅酸盐水泥》GB 175 的相关规定,选用其他水泥应符合相应标准的规定。

4.1.3 面层抹灰的各类材料用量应统筹计划,保证同一批号、同一颜色;不同品种、不同标号的水泥不得混合使用。

4.1.4 装饰抹灰面层使用的石灰膏不得含有未熟化的颗粒和杂质,石灰膏熟化期不应少于 15 d。

4.1.5 卵石抹灰施工使用的石子粒径应符合设计要求,并应在使用前将石子洗净晾干。

4.1.6 装饰抹灰底层、中层砂浆性能应符合现行国家标准《预拌砂浆》GB/T 25181 的规定。

4.1.7 装饰抹灰砂浆的品种及强度等级应满足设计要求。

4.1.8 除特别说明外,装饰抹灰砂浆性能的试验方法应按现行行业标准《建筑砂浆基本性能试验方法标准》JGJ/T 70 进行。

4.1.9 装饰抹灰工程应对水泥的强度、凝结时间和安定性进行复验。

4.2 装饰抹灰材料

4.2.1 水刷石面层抹灰材料应符合下列规定：

1 采用的石渣常用品种、质量要求及规格与粒径的关系应符合表 4.2.1-1 的要求。

2 同一墙面所用石渣应颗粒坚硬均匀,颜色一致,不含杂质,使用前应过筛、冲洗、晾干。

3 水刷石抹灰用水泥砂浆不得采用机械搅拌。

4 彩色水泥石渣浆应选用耐碱、耐紫外线的矿物颜料;颜料掺量不得超过水泥重量的 10%,按总使用量计量后与水泥一次干拌均匀后装袋备用。水泥石渣浆抹灰常用颜料及性质可按照表 4.2.1-2 执行。

表 4.2.1-1　彩色石渣常用品种、质量要求及规格与粒径的关系

规格与粒径的关系			常用品种	质量要求
编号	名称规格	粒径(mm)		
1	大八厘	约 8	白云石、方解石、花岗石等	1. 颗粒坚韧有棱角,洁净,不得含有风化的石粒; 2. 使用时应冲洗干净; 3. 彩色石渣的产地、色彩、质地应符合设计要求; 4. 颜料添加不得超过总水泥重量的 10%
2	中八厘	约 6		
3	小八厘	约 4		
4	米粒石	2~4		

表 4.2.1-2　石渣浆抹灰常用颜料及性质

颜色	颜料名称	性质
红色	氧化铁红	有天然和人造两种。遮盖力和着色力较强,有优越的耐紫外线、耐高温、耐污浊及耐碱性能,是较好、较经济的红色颜料之一
	甲苯胺红	鲜艳红色粉末,遮盖力、着色力较强,耐紫外线、耐热、耐酸碱,在大气中无敏感性,一般用于高级装饰工程

颜色	颜料名称	性质
黄色	氧化铁黄	遮盖力比其他黄色颜料高,着色力几乎与铅铬黄相等,耐紫外线、耐大气影响、耐污浊气体以及耐碱性等都比较强,是装饰工程中既好又经济的黄色颜料之一
	铬黄	铬黄系含有铬酸铅的黄色颜料,遮盖力、着色力强,较氧化铁黄鲜艳,但不耐强碱
绿色	铬绿	是铅铬黄和普鲁士蓝的混合物,颜色变动较大,取决于两种成分比例的组合。遮盖力强,耐气候、耐光、耐热性均好,但不耐酸碱
	氧化铁黄与酞菁绿	参见本表中的"氧化铁黄"及"群青"
蓝色	群青	半透明鲜艳的蓝色颜料,耐光、耐风雨、耐热、耐碱,但不耐酸,是既好又经济的蓝色颜料之一
	铬蓝与酞菁蓝	带绿光的蓝色颜料,耐热、耐光、耐酸碱性能较好
棕色	氧化铁棕	氧化铁红和氧化铁黑的机械混合物,有的产品还掺有少量氧化铁黄
紫色	氧化铁紫	可用氧化铁红和群青配用代替
黑色	氧化铁黑	遮盖力、着色力均强,耐光,耐一切碱类,对大气作用也很稳定,是一种既好又经济的黑色颜料之一
	炭黑	根据制造方法不同分为槽黑和炉黑两种。装饰工程常用炉黑,性能与氧化铁黑基本相同,仅比密度稍轻,不宜操作
	锰黑	遮盖力颇强
	松烟	采用松材、松根、松枝等在室内进行不完全燃烧而熏得的黑色烟炭,遮盖及着色力均好

4.2.2 斩假石面层抹灰材料应符合下列规定:

1 浅黄、浅绿等颜色斩假石必须使用白色水泥作胶结材料。

2 面层所选用的石屑应符合下列要求:

1)石屑品种、规格、颜色应符合设计要求;

2)石屑粒径应选用70%粒径在 2 mm 以下的石粒和30%粒径为 0.15 mm～1.50 mm 的石屑;

3） 石屑应坚韧、有棱角、颗粒坚硬，不含泥土、软片、碱质及其他有害有机物等；

4） 使用前应用清水洗净晾干，并加以保护。

3 矿物颜料进场后应经过检验，应选用同一批次，确保颜色的一致性，其品种、货源、数量应满足使用要求。

4.2.3 干粘石面层抹灰材料应符合下列规定：

1 应采用中砂，用前过砂筛备用。

2 石渣规格的选配应符合设计要求。

3 应采用中八厘和小八厘的豆石、石粒，使用前应过筛，用水冲洗干净后晾干，按颜色规格分类存放，用苫布等遮盖。

4.2.4 水磨石材料应符合下列规定：

1 白色或浅色的水磨石面层，应采用白水泥；深色的水磨石面层，宜采用硅酸盐水泥、普通硅酸盐水泥或矿渣硅酸盐水泥。同颜色的面层应使用同一批水泥。

2 石渣规格的选配应符合设计要求，采用坚硬可磨的白云石、大理石等岩石加工而成，石料应洁净无杂物，其粒径除特殊要求外，应采用大八厘、中八厘和小八厘。

3 水磨石分格条应根据设计要求选用，宜用铜条。

4.2.5 雕塑抹灰材料应符合下列规定：

1 雕塑抹灰宜采用专用砂浆，材料应严格按照产品说明书要求保存，避免日晒雨淋，禁止接近火源，防止碰撞，注意通风。

2 钢丝网片应根据设计要求选用，宜采用热镀锌丝网片或不锈钢丝网片，根据造型选择适宜密度的网孔。

3 装饰端部及变形缝处 L 型收口条应采用符合施工抹灰饰面的尺寸，应选用不锈钢、金属热镀锌或铝质材料。

4 雕塑抹灰中的面层砂浆应采用初凝时间不小于 2 h、终凝时间小于 5 h 的砂浆作为面层雕塑材料，雕塑抹灰材料的性能应符合表 4.2.5 的要求，性能试验方法应按本标准附录 A 的规定进行。

表 4.2.5 雕塑抹灰材料性能要求

项 目		单位	技术指标	
			底料	面料
可操作时间(30 min)		—	刮涂无障碍	
初期抗开裂性(厚度 20 mm)		—	—	无裂纹
吸水量	30 min	g	—	≤3
	240 min	g	—	≤6
抗折强度(28 d)		MPa	≥3	≥2.5
抗压强度(28 d)		MPa	≥10	≥7
收缩值(28 d)		mm/m	≤1.5	
保水率		%	≥90	
拉伸粘接强度		MPa	≥0.3	
抗冻性*	强度损失率	%	≤25	
	质量损失率	%	≤5	

注:有抗冻性要求时,应进行抗冻性试验。

4.3 雕塑抹灰工具

4.3.1 雕塑抹灰工具选择应符合下列规定:

1 底层抹灰宜采用喷射砂浆机、金属抹刀、灰板等。

2 雕塑塑型宜采用雕塑泥刀、刮刀、拉毛器等。

3 面层雕刻宜采用方头泥刀、三角刻刀、雕塑刻刀、雕塑开缝刀、线条软泥刀、弧形抹刀、环弯刮刀、木纹刻刀、塑型刷等。

4 面层雕刻后的清理应采用软毛刷、开缝刀等。

4.3.2 上色工具选择应符合下列规定：

1 喷涂上色宜采用带有空气稳压的不锈钢喷枪。

2 手绘上色宜采用 1 号—12 号的排笔或毛刷，材质宜为猪鬃毛。

3 擦色、渐变等绘画艺术效果，应采用海绵、马海毛等，材质宜为天然软绵体。

5 构造设计

5.1 一般规定

5.1.1 抹灰层应分层抹压,每层厚度不宜超过 10 mm;当抹灰总厚度不小于 35 mm 时,应采取加强措施。

5.1.2 不同墙体材料交接处,应采取设置钢丝网或压入耐碱玻纤网格布等加强措施,与建筑墙体的搭接宽度设置不应小于 200 mm。

5.1.3 抹灰前应对雕塑抹灰的结构进行验算,验算结果应符合相关规范要求。

5.2 雕塑抹灰构造

5.2.1 雕塑抹灰构造由内到外依次应为结构墙体、钢骨架、钢丝网、底层抹灰层、中层抹灰层、面层抹灰层。

5.2.2 基本造型钢结构骨架应保证自身的强度和稳定性要求,并应进行防锈防腐处理。

5.2.3 雕塑抹灰的钢骨架宜满足下列要求:

　　1 钢骨架网格宽度宜取 1 000 mm,长度宜取 2 000 mm。

　　2 钢骨架杆件端部距离面层抹灰层表皮不宜大于 100 mm。

　　3 钢骨架外宜设置钢筋网片,钢筋直径宜取 6 mm,网格间距宜取 100 mm～200 mm。

5.2.4 雕塑骨架的钢筋网材料应采用热镀锌圆钢或不锈钢圆钢制作,根据造型、承重要求选择适宜的规格尺寸,钢筋应双向布置,间距不得小于 100 mm,钢筋塑型加工应满足专业设计要求。

5.2.5 当雕塑抹灰厚度大于 20 mm 时,应采用热镀锌钢丝网片或不锈钢钢丝网片加强,且应满足设计要求。

5.3 细部设计

5.3.1 阳台下口、窗天盘、窗盘、腰线、泛水等部位应设有滴水构造。外墙穿孔部位应进行防水处理。

5.3.2 两种装饰材料的交接处宜有收口措施。

5.3.3 当遇到建筑变形缝时,应按照结构缝的要求进行分缝,并应根据设计要求进行饰面处理。

6 装饰抹灰施工

6.1 一般规定

6.1.1 装饰抹灰的施工应符合现行行业标准《抹灰砂浆技术规程》JGJ/T 220 和现行上海市工程建设规范《预拌砂浆应用技术规程》DG/TJ 08—502 的有关规定。

6.1.2 装饰抹灰的施工过程质量验收应符合现行行业标准《预拌砂浆应用技术规程》JGJ/T 223 的有关规定。

6.1.3 装饰抹灰施工前,应将墙体上的孔洞、沟槽填补密实、整平,且修补找平用的砂浆应与抹灰砂浆一致。

6.1.4 装饰抹灰施工前应清除墙体表面的浮灰,并洒水润湿。

6.1.5 装饰抹灰面层大面积施工前,应先做样板。

6.1.6 面层抹灰前,应先在中层抹灰表面用水泥净浆或界面剂薄刷。

6.1.7 抹灰砂浆在凝结硬化前,应防止暴晒、淋雨、水冲、受冻、撞击和震动。在干燥区域应采取遮阳措施和浇水养护等。

6.1.8 面层抹灰凝结硬化后,应及时保湿、保温养护,并采取保护措施,养护期应不少于 7 d。

6.1.9 干粉砂浆搅拌时应按产品说明书的规定使用。

6.1.10 饰面最终效果应根据设计要求,制作相应的装饰抹灰实物样板,经各方确认后方可施工。

6.1.11 雕塑抹灰结构基层处理应符合下列规定:

    1 抹灰网片安装前应检查及清理墙体墙面,完成墙体验收;表面应无蜂巢孔、扭曲变形、凹凸不平等瑕疵。

2 安装网片前应使用高压水洗喷枪冲洗整个墙体表面,去除灰尘及碎屑。覆网前应清除墙体表面杂物、残留灰浆、舌头灰、尘土等;网片固定应牢固,固定螺丝的间距尺寸宜控制在300 mm～400 mm。

3 当装饰端部及变形缝位于潮湿区域时,L型收口板条应选用不锈钢或铝质材料,厚度应不小于 0.6 mm;在特别潮湿的环境或沿海地区,应采用 304 级不锈钢材料。

6.1.12 雕塑抹灰中的底层抹灰与结构基层应紧密粘合,施工时应采取下列措施:

1 结构墙体表面应清理干净、无杂物,洒水润湿,但不得有明水。

2 中层抹灰层应采取加强措施与底层粘结,应在结构墙体表面涂抹界面剂。

3 抹灰砂浆中可掺入 3 mm～19 mm 长度的玻璃纤维材料。

4 雕塑面层细部修改应在水泥终凝时间前完成,根据雕塑的复杂程度以及所需的时间,可在水泥砂浆中添加适量缓凝剂。

6.1.13 当装饰抹灰层设计有防水、防潮功能时,应采用防水砂浆。

6.2 水刷石抹灰施工

6.2.1 水刷石面层应做在已经硬化、平整且粗糙无空鼓的中层抹灰层上。

6.2.2 分格条粘贴前,应按设计要求进行弹线,准确确定分格条位置。

6.2.3 当采用木分格条时,木分格条粘贴前应在水中浸透,避免抹灰后分格条发生膨胀。

6.2.4 分格条断面高度应等于面层厚度,宽度方向应呈里窄外宽梯形。

6.2.5 水泥石渣浆粉刷前,应先对干燥的中层抹灰表面洒水湿润,并刷一层素水泥浆。素水泥浆的水灰比宜为 0.37～0.40。

6.2.6 水刷石施工应在每分格范围内从左至右、从上往下粉刷水泥石渣浆,随粉随拍,拍平、拍实、拍匀,防止面层成活后出现明显的抹纹。待面层开始凝固时,用刷子沾水刷或用喷雾器等冲洗掉面层水泥浆,至石子外露,再将露出的石子尖头轻轻拍平。在凹陷和稀缺处应补入适量石子。

6.2.7 分格条应在面层抹灰终凝后取出。

6.2.8 冲洗应在面层刚开始初凝时进行。

6.2.9 阴阳角冲洗时水压不宜过大,应从阳角开始冲洗。

6.2.10 冲洗应适度,不宜过快、过慢或漏冲洗;出现局部外露石子颗粒不均匀现象时,应采用铁抹子轻轻拍压,使表面石子颗粒均匀一致。

6.2.11 喷头应距面层 10 cm～20 cm,应均匀喷射,将表面水泥浆冲洗掉,使石子外露粒径的 1/3 左右。

6.2.12 墙面冲洗完成后,分格缝应采用 1∶1 水泥砂浆做凹缝并上色,且应在水泥砂浆内加色拌和均匀后嵌缝,凹缝深度应根据实际情况确定。

6.2.13 白色水刷石水洗完成后,宜采用草酸溶液清洗后再过清水。

6.2.14 水刷石施工应符合表 6.2.14 的规定。

表 6.2.14 水刷石常见施工方法

名称	分层做法(自内而外)	厚度范围(mm)	操作要求
外墙水刷石	第一层:DPM 15 水泥砂浆打底 第二层:中层抹灰 第三层:1∶1 水泥大八厘石渣罩面	第一层:10 第二层:1 第三层:8～10	1. 清理结构墙体抹底灰:将结构墙体表面浮土清扫干净,并充分洒水湿润。为使底灰与墙体粘结牢固,应先刷水泥浆一遍,随即用 DPM 15 水泥砂浆打底。 2. 弹线分格、粘钉(成品)分格条:底灰抹好后即进行弹线分格,要求横条大小均匀,竖条对称一致。当采用木分格条时,应预先将分格木条在水中浸透,以防抹灰后分格条发生膨胀,影响质量。分格条要粘钉平直,接缝严密,并在面层抹灰终凝后取出。 3. 抹面层石渣浆:面层抹灰应在底层硬化后进行,先薄刮一层素水泥浆,随即用钢抹子抹水泥石渣浆。抹完一块后用直尺检查,及时增补。每一分格内从下边抹起,边抹边拍打揉平。特别要注意阴、阳角水泥石渣的涂抹,要拍实,避免出现黑边。 4. 面层开始凝固时,即用刷子蘸水刷掉(或用喷雾器喷水冲掉)面层水泥浆至石子外露
	第一层:DPM 15 水泥砂浆打底 第二层:中层抹灰 第三层:1∶1.25 水泥中八厘石渣罩面	第一层:10 第二层:1 第三层:8～10	
	第一层:DPM 15 水泥砂浆打底 第二层:中层抹灰 第三层:1∶1.5 水泥小八厘石渣罩面	第一层:10 第二层:1 第三层:8～10	
外墙水洗豆石砂	第一层:DPM 15 水泥砂浆打底 第二层:中层抹灰 第三层:1∶1.5 水泥小豆石(粒径 5～8mm)浆罩面	第一层:10 第二层:1 第三层:8～10	

6.3 斩假石抹灰施工

6.3.1 斩假石抹灰面层施工时,宜根据气候条件确定开斩时间。大面积施工时应先试剁,以石子不脱落为宜。

6.3.2 斩剁前应先弹顺线,并离开剁线适当距离按线操作,剁纹不得跑斜。

6.3.3 斩剁顺序应自上而下、先四边再中间。斩剁刀数、图案、花纹应根据设计要求确定。

6.3.4 剁中间大面应根据不同纹理采用不同工具和方式进行处理。当有分格时，每剁一行应随时将上面和竖向分格条取出，并及时将分块内的缝隙、小孔用水泥浆修补平整。

6.3.5 斩剁时宜先轻剁一遍，再盖着前一遍的剁纹剁出深痕，操作时用力应均匀，移动速度应一致，不得出现漏剁。

6.3.6 柱子、墙角边棱斩剁时，应先横剁出边缘横斩纹或留出窄小边条(边宽 3 cm～4 cm)不剁；剁边缘时应使用锐利的小剁斧轻剁。

6.3.7 当用细斧斩剁墙面饰花时，斧纹应随剁花走势而变化，严禁出现横平竖直的剁斧纹；花饰周围的平面上应剁成垂直纹，边缘应剁成横平竖直的围边。

6.3.8 当用细斧剁一般墙面时，各格块体中间部分应剁成垂直纹，纹路应平行，上下各行之间均匀一致。

6.3.9 斩剁完成后面层应使用硬毛刷顺剁纹刷净灰尘，分格缝应按设计要求和施工样板制作规整。

6.3.10 斩剁深度应以石渣剁掉 1/3 为准。

6.4 干粘石抹灰施工

6.4.1 干粘石抹灰面层砂浆可采用稠度不大于 80 mm 的聚合物水泥砂浆。水泥、黄砂、石灰级配比例宜为 1：1：2，可视情况掺入适量的粘结剂。

6.4.2 干粘石抹灰面层砂浆厚度应根据最大石粒粒径大小确定，宜为 4 mm～8 mm。

6.4.3 施工抹面层砂浆时，中层抹灰应湿润，并刷一道水泥结合层。

6.4.4 分格块的面层抹灰高度应比分格条低 1 mm 左右，以保证石粒撒上压实后的整体平整度。

6.4.5 石粒与面层砂浆粘结顺序应自上而下,先小面后大面。

6.4.6 石粒嵌入砂浆的深度应不小于粒径的 1/2,并使用木抹子等将石子均匀地拍入面层抹灰层,做到拍实、拍严。

6.4.7 石粒分布应均匀,不得稀疏,应使用木抹子等补粘完整。

6.4.8 石粒不得出现下坠、不均匀、外露尖角太多、面层不平整等现象。

6.4.9 石粒与面层砂浆的粘结施工应随粉随抹。

6.5 卵石抹灰施工

6.5.1 卵石面层抹灰厚度应控制在卵石粒径的 1/2 以内,抹灰厚度范围宜为 10 mm～20 mm。

6.5.2 卵石甩石应在面层砂浆尚未初凝前,紧随粘结层粉刷工序之后进行。

6.5.3 甩卵石时应用力均匀,不得硬砸、硬甩,不可多次拍打和搓揉。

6.5.4 甩完卵石后,应使用抹子轻轻将卵石压入灰层,不得用力过猛,不得有局部返浆。

6.6 水磨石施工

6.6.1 水磨石应做在已经硬化、平整且粗糙无空鼓的抹灰层上,涂抹前应洒水湿润。

6.6.2 分格条粘贴前,应按照设计要求,弹线确定分格条位置,注意横条平整均匀,竖条垂直,对称一致。

6.6.3 水泥石渣浆粉刷前,应先对干燥的中层抹灰表面进行洒水湿润,并刷一层素水泥浆。

6.6.4 水磨石拌合料的面层厚度应按石粒粒径确定,宜为

12 mm～20 mm。

6.6.5 石子面层应高于分格条,并在之后进行打磨平整。

6.6.6 水磨石施工应在分格范围内从左至右、从上往下粉刷水泥石渣浆,随粉随拍,应做到拍平、拍实、拍匀。为防止面层成活后出现明显的抹纹,应使用泥板进行一遍收光。

6.6.7 水泥砂浆强度应视气候及表面硬化情况进行表面打磨,并应满足"三磨两浆"的要求。

6.6.8 粗磨应选用100目～200目的磨头进行打磨。当表面出现砂眼、颗粒外露过大、石子崩缺等情况时,应使用原标号水泥砂浆进行补浆处理,且应待补浆完成一天后方可进行中磨。中磨后应刷浆。

6.6.9 中磨应选用300目～800目磨头进行打磨,应满足平整度、垂直度、阴阳角方正的质量要求,分格条直线度和墙裙上口直线度均应符合一般抹灰的验收标准。中磨后应将泥浆冲洗干净,并在稍干后抹同色水泥浆,直至无砂眼、孔隙为止。

6.6.10 精磨应选用1 000目以上磨头进行打磨。

6.6.11 打磨结束后,应采用10%浓度的草酸溶液将表面干净,待表面干燥发白后,即可打蜡抛光。

6.7 雕塑抹灰施工

6.7.1 雕塑抹灰砂浆宜采用机械方式搅拌,拌合时间宜为3 min～5 min。

6.7.2 施工前,应制作样板,并在验收通过后方可进入后续抹灰作业。

6.7.3 雕塑抹灰方案应在审批通过后方可进入后续抹灰作业,应按照雕塑方案进行抹灰施工。

6.7.4 雕塑抹灰作业前应检查模板或钢筋焊接的立体造型骨架上的金属网连接状况,并测量凹凸尺寸是否符合抹灰基本要求。

6.7.5 雕塑面层喷浆前,应对表面进行湿润。

6.7.6 喷射砂浆施工前,中间抹灰层应进行拉毛处理;喷射砂浆施工完成后应静置 1 h～2 h 方可进行后续施工;喷射砂浆厚度应取决于现场造型要求。

6.7.7 雕塑工具应根据造型特点选择使用;修改造型、增加细节宜在砂浆半干时进行;雕塑完成后应立即使用塑料薄膜等覆盖养护。

6.7.8 雕塑抹灰结构墙体处理除应符合本标准第 6.1.14 条的规定外,尚应符合下列规定:

   1 立体造型、独立雕塑钢筋应弯曲、塑型后,焊接固定组成框架,应使用扎丝将网片固定在钢筋骨架内部。

   2 雕塑抹灰(除面层外)必须进行覆网施工;钢丝网片每平方米重量应达到 1.2 kg～1.8 kg,每平方米菱形网眼数量应达到 8 000 目～13 750 目。

   3 雕塑底层抹灰与不同材料的交界区域应设置 L 型收口条,L 型收口板条宜为热镀锌钢板,厚度应不小于 0.6 mm。

6.7.9 室外雕塑抹灰厚度应为 25 mm～65 mm;室内雕塑抹灰厚度应为 15 mm～50 mm。

6.7.10 雕塑抹灰应分层进行,雕塑打底抹灰层每道施工厚度宜为 12 mm～15 mm,中层抹灰每道施工厚度宜为 12 mm～15 mm,面层抹灰每道施工厚度宜为 16 mm～35 mm。

6.7.11 雕塑面层抹灰砂浆强度应不高于上一道抹灰砂浆的强度,并应符合下列规定:

   1 室外雕塑抹灰砂浆强度宜与墙体材料强度相同。

   2 室内雕塑抹灰砂浆宜比墙体材料低一个强度等级。

6.7.12 雕塑抹灰砂浆设计强度等级应大于 M20,宜采用强度等级不低于 42.5 的水泥进行预拌。

6.7.13 雕塑抹灰砂浆应采用预拌专用砂浆,可根据需要掺入添加剂。

6.7.14 打底抹灰砂浆和中层抹灰砂浆混合后的坍落度应不大于 60 mm。

6.7.15 雕塑抹灰砂浆的搅拌时间应自加水开始计算,不得少于 3 min。

6.7.16 雕塑底层抹灰应符合下列规定:

1 雕塑底层抹灰应分为结构墙体抹灰层与二道抹灰层。

2 二道抹灰层应在垂直面上刮出水平刮痕,水平凹槽的深度应为 3 mm~5 mm,宽度和间距应为 20 mm~30 mm,砂浆应在 5 d 内保持湿润养护。

6.7.17 雕塑中层抹灰应符合下列规定:

1 中层抹灰施工前,应将底层抹灰层表面拉毛,并清理表面多余的突起物及周围散落的砂浆。

2 雕塑中层抹灰施工时,应使用足够的压力,中层抹灰与底层抹灰应紧密结合,不得有空鼓。

3 中层抹灰层应在 1 d~2 d 内持续喷湿处理,并应在 5 d~7 d 内湿润养护。

4 中层抹灰喷浆应根据雕塑造型的突出纹理与外形走势进行作业。

6.7.18 雕塑面层抹灰应符合下列规定:

1 雕塑面层抹灰施工时,应与中层抹灰接触密实,不得有空鼓。

2 雕塑面层抹灰的艺术效果、三维造型与特殊造型等应满足设计要求,面层雕塑的总厚度应控制在 25 mm~65 mm。

3 雕塑面层的伸缩缝宜留在门窗框边上,伸缩缝的宽度宜为 8 mm~12 mm,宜使用环氧树脂类材料进行填充。

4 大面积雕塑面层抹灰施工的接缝,应隐藏在仿石、仿木和仿墙面砖等工艺的缝隙中,宜使用环氧树脂类材料进行填充。

5 在没有缝隙要求的前提下,雕塑面层抹灰施工宜一次性完成。

6 雕塑面层细部修改应在水泥终凝时间前完成,根据雕塑的复杂程度以及所需的时间,可在水泥砂浆中添加适量缓凝剂。

6.7.19 仿真效果雕塑面层应符合下列规定:

1 仿石块效果的雕塑面层,应在雕塑中层半干时局部增加砂浆,或切割多余部分,应达到层次分明、线条硬朗等造型要求,应根据设计质感及细节要求完成局部调整,表层效果应符合设计要求。

2 仿鹅卵石效果的雕塑面层,应使用专用刻刀将石块造型进行初步分区,应使用削泥、添泥等工艺将表面刮平,面层造型应圆润。表层砂浆干透后,先使用粗砂纸进行整体打磨,再使用细砂纸局部打磨,表层效果应符合设计要求。

3 仿木制、木板状效果的雕塑面层,表面应平整光滑,应先在光滑面层上淡描木纹轮廓,再使用按压的手法将木纹表现出来,木纹表现应自然流畅,表层效果应符合设计要求。

4 仿树皮状效果的雕塑面层,表面应纹理清晰、层次分明,应将砂浆逐块叠加,表层宜有三维肌理效果,并符合设计效果。

5 仿金属效果的雕塑面层,应进行找平层施工、腻子层批嵌、打磨层施工。若有边框,在打磨前应进行阳角制作。雕塑抹灰总厚度为 6 mm～10 mm,面层应选用可雕塑环氧树脂材料。

6 仿砖效果的雕塑面层,施工前宜进行测量并绘制出轮廓,亦可直接进行雕塑面层抹灰作业,应使用切缝、砖块倒角等方式划分出墙面砖的轮廓及造型,表层效果应符合设计要求。

7 仿老墙效果的雕塑面层,应使用专用雕塑工具进行刻画,体现老墙面墙体剥落、墙角破碎、墙面裂缝等艺术特征,表层效果应符合设计要求。

6.7.20 材料的选择应根据气温、环境等综合考虑。

6.7.21 雕塑抹灰的面层抹灰厚度宜为 16 mm～35 mm。

6.8 上色施工

6.8.1 色板制作宜使用无气喷涂机将油漆喷涂在空白色卡上,并标注油漆品牌及色号,晾干后施透明保护漆,同时标注体系色号;小样及系列色卡应在审批通过后,方可进入后续上色作业。

6.8.2 上底漆前,应对作业区域彻底清理,保证表面无尘和无油漆隔离层。

6.8.3 上底漆前,应测量粉刷面的含湿量,且应控制含湿量小于5%。

6.8.4 装饰抹灰养护28 d后,上底漆前应对作业区域进行pH检测。墙体表面pH值处于高碱性时不允许上色,pH值处于中性范围时应采用普通底漆,pH值处碱性范围时应采用抗碱封闭底漆。

6.8.5 在底漆有效时间内必须完成喷涂工作;底漆完全干透后方可进行后续上色作业。

6.8.6 上色作业必须在自然光源下完成。

6.8.7 上色作业前应使用清水、无尘布将底漆表面灰尘清理干净,再将水分擦干。

6.8.8 底漆应使用喷枪进行喷涂;在油性底漆上喷涂水性底漆前,宜使用细砂纸将油性底漆面轻轻打磨后擦拭干净;应在底漆完全干透后方可进行效果色绘制。

6.8.9 单色效果色宜使用喷枪喷绘,并保证完成面光滑;仿真效果色宜使用鬃毛刷进行纹理绘制、撒点、水洗、局部高光等处理;每层上色应待上一层颜色完全干透后方可进行,仿真效果色完成后应与样品饰面一致。

6.8.10 上色应均匀覆盖饰面,且保证表面颜色鲜艳度与光泽度良好,所有颜色干透后应清理表面灰尘及杂物,并使用喷枪喷涂透明保护漆。

6.8.11 上色作业完成后应使用围挡设施进行保护,直至透明保护漆干透。

6.8.12 若雕塑饰面雕塑层或上色层不慎被破坏,应先进行局部雕塑层修补,养护一周后方可使用相近颜色进行上色层修补。

6.8.13 严寒、下雨、过度潮湿、风速过大等特殊气候条件下必须进行室外上色施工时,应设置具备恒温、恒湿、通风换气的封闭保护环境,确保上色质量。

6.8.14 分色时,界面交界两侧应按前后顺序分别粘贴美纹纸。

7 检查和验收

7.1 一般规定

7.1.1 装饰抹灰工程验收时应检查下列文件和记录：

1 装饰抹灰工程的施工图、设计说明及其他设计文件。

2 材料的产品合格证书、性能检测报告、进场验收记录和复验报告。

3 隐蔽工程验收记录。

4 施工记录。

7.1.2 装饰抹灰的隐蔽工程应按下列规定验收：

1 装饰抹灰总厚度大于或等于 35 mm 时，应设置加强措施。

2 不同材料墙体交界处应设置加强措施。

7.1.3 装饰抹灰工程的检验批划分应符合下列规定：

1 相同材质、工艺和施工条件的室外装饰抹灰每 500 m² ～ 1 000 m² 应划分为一个检验批，不足 500 m² 的应作为一个检验批。

2 相同材质、工艺和施工条件的室内雕塑抹灰每 30 m² 应划分为一个检验批，不足 30 m² 的应作为一个检验批。

7.1.4 检测数量应符合下列规定：

1 室内雕塑抹灰每个检验批的抽查比例不应少于 10%，且不得少于 30 m²，不足 30 m² 时应全部检查。

2 室外装饰抹灰检验批每 100 m² 应至少抽查一处，每处不得小于 10 m²。

7.1.5 室外雕塑抹灰工程施工前应先安装钢构架、钢木门窗框、护栏等,并应将墙上的施工孔洞堵塞密实。

7.2 装饰抹灰工程

7.2.1 抹灰前结构墙体表面的尘土污垢油渍等应清除干净并洒水润湿。

检验方法:检查施工记录。

7.2.2 装饰抹灰工程所用材料的品种和性能应符合设计要求,雕塑抹灰的配合比应符合设计与塑形要求。

检验方法:检查产品合格书、进场验收记录、复验报告和施工记录。

7.2.3 各抹灰层之间、抹灰层与墙体之间必须粘接牢固,应无脱层、空鼓、裂缝等问题。

检验方法:观察;用小锤轻击检查;检查施工记录。

7.2.4 钢筋网片规格及网孔的设置应符合设计要求,网孔密度应均匀。

检验方法:检查隐蔽工程验收记录和施工记录。

7.2.5 塑形钢筋布置应符合设计要求,钢筋应双向布置,间距不得大于 100 mm。

检验方法:检查隐蔽工程验收记录和施工记录。

7.2.6 装饰抹灰的中层抹灰层应养护 24 h 后再进行面层施工。

检验方法:施工记录。

7.2.7 雕塑抹灰的造型、尺寸、肌理、质感、三维效果应符合设计要求。

检验方法:观察。

7.2.8 仿石、仿旧砖墙等特殊效果的雕塑抹灰,应使用雕塑砂浆及专用工具。雕塑砂浆的配合比应符合设计要求。

检验方法:检查施工记录。

7.2.9 室外雕塑抹灰的仿金属等有边框造型的面层,边框应进行阳角处理,阳角做法应符合设计要求。

　　检验方法:观察。

7.2.10　雕塑抹灰表面应平整光滑、纹理清晰、层次分明,并符合设计要求。

　　检验方法:观察。

7.2.11　装饰抹灰工程施工的质量验收应按照现行国家标准《建筑工程施工质量验收统一标准》GB 50300 和《建筑装饰装修工程质量验收标准》GB 50210 执行。

7.3　上色工程

7.3.1　本节适用于单色、三维画、雕塑色、艺术上色的分项工程质量验收。

7.3.2　上色工程所用的材料的品种、型号和性能应符合设计要求。

　　检验方法:观察;检查产品合格证书、性能检测报告和进场验收记录。

7.3.3　上色工程应涂饰均匀、粘结牢固,不得漏涂、透底、起皮、掉粉、返锈。

　　检验方法:观察;手摸检查。

7.3.4　上色工程的结构墙体表面处理应符合本标准第 6.2.6 条的规定。

　　检验方法:观察;检查施工记录。

7.3.5　上色工程的花纹、肌理、图案、颜色应符合设计要求。

　　检验方法:观察。

7.3.6　仿真效果色的饰面应具有被模仿材料的肌理,应与样品饰面一致,并符合设计要求。

　　检验方法:观察。

7.3.7 上色工程的立体花纹、图案应与设计要求相符,纹理和轮廓应清晰。

检验方法:观察。

7.3.8 上色工程表面应洁净,不得有流坠现象。

检验方法:观察。

7.3.9 上色工程的图案应边界清晰,不得有位移。

检验方法:观察。

8 施工安全与作业条件

8.1 一般规定

8.1.1 严禁高空抛掷抹灰作业工具。

8.1.2 高空作业垃圾应采取有组织的运输方式进行处理,严禁抛撒。

8.1.3 高处作业应符合现行行业标准《建筑施工高处作业安全技术规范》JGJ 80 的有关规定。施工前,应经安全检查合格后方可施工。

8.1.4 高处作业人员应经过体检,确保健康。

8.1.5 在雷雨、暴风雨、风力大于六级等恶劣天气时,不得进行室外高处作业。

8.1.6 施工单位必须制定施工防火安全制度,施工人员必须严格遵守。

8.1.7 电动机、电气控制箱及电气装置的安装使用应符合现行行业标准《施工现场临时用电安全技术规范》JGJ 46 的有关规定。

8.1.8 机械设备传动机构外露部分应有安全防护装置。

8.1.9 建筑废弃物应实行分类管理,严禁将垃圾随意堆放或抛洒。

8.1.10 施工废水排放应符合现行国家标准《污水综合排放标准》GB 8978 的有关规定。

8.1.11 施工场界噪声控制应符合现行国家标准《建筑施工场界环境噪声排放标准》GB 12523 的有关规定。

8.2 作业条件

8.2.1 冬季抹灰施工应符合现行行业标准《建筑工程冬期施工规程》JGJ/T 104 的有关规定,并应采取保温措施;雕塑抹灰时,环境温度不宜低于 5 ℃。

8.2.2 冬期室内抹灰施工时,室内应通风换气,并应监测室内温度;冬期施工时,不宜浇水养护。

8.2.3 冬期施工,抹灰层可采用热空气或带烟囱的火炉加速干燥;当采用热空气时,应设置通风排湿措施。

8.2.4 湿拌抹灰砂浆冬期施工时,应经试配确定后适当缩短砂浆凝结时间;湿拌砂浆的储存容器应采取保温措施。

8.2.5 雨天不宜进行外墙抹灰,施工时应采取防雨措施,且雕塑抹灰砂浆凝结前不应受雨淋。

8.2.6 在高温、多风、空气干燥的季节进行室内抹灰时,宜封闭门窗。

8.2.7 夏季施工时,抹灰砂浆应随拌随用;抹灰时应控制好各层抹灰的间隔时间;当前一层过于干燥时,应先洒水润湿,再抹第二层灰。

8.2.8 夏季气温高于 32 ℃时,外墙抹灰应采取遮阳措施,并应加强养护。

8.3 喷涂施工

8.3.1 施工前应检查垂直输浆管的固定方式是否安全牢靠。

8.3.2 喷涂前作业人员应正确穿戴工作服、防滑鞋、安全帽、安全防护眼具等安全防护用品;高处作业时,必须系好安全带。

8.3.3 喷涂作业前,严禁将喷枪口对人。当喷枪管道堵塞时,应先停机卸压,避开人群进行排除;卸压前,严禁敲打或晃动管道。

8.3.4 在喷涂过程中,宜设专人协助喷枪手移动管道,并应定时检查输浆管道连接处是否松动。

8.3.5 润滑用浆液与落地灰应及时收集,宜妥善利用,减少废弃物排放量,但落地灰不得再次用于喷涂抹灰。

8.3.6 清洗输浆管时应先卸压后清洗。

8.3.7 民用建筑工程室内涂料施工应符合现行国家标准《民用建筑工程室内环境污染控制规范》GB 50325 的有关规定。

8.4 上色作业

8.4.1 完成后的雕塑层应做好防晒、防雨等遮挡措施,应经过 7 d 养护后再进行上色作业。交付前应每天向雕塑面喷水 2 次～3 次进行潮湿养护。

8.4.2 上色施工之前应将施工区域隔离,做好周边防护措施,严禁对周遭环境造成污染。

8.4.3 上色作业施工环境的温度应为 7 ℃～32 ℃,应保持无尘、干爽并做好挡雨措施。

8.4.4 上色作业区域应有清水提供点及污水处理处。施工现场应配备鼓风机。

8.4.5 在每一层上色作业前应做好清理工作,在每一层上色作业完成后应采取保护措施。在位置相近的多区域上色施工范围内应采取隔离保护措施。

8.4.6 在上色施工过程中,施工人员必须穿戴防护口罩、手套及工作服。

8.5 雕塑抹灰作业

8.5.1 当现场温度低于 5 ℃ 或高于 35 ℃时,不得进行抹灰施工。

8.5.2 在抹灰施工后,直至凝固前环境温度不得低于 5 ℃。

8.5.3 在抹灰前后应保持空气自由流通。

8.5.4 当现场温度超过 20 ℃,且直接在阳光下进行施工操作时,应在抹灰表面使用养护剂。

8.5.5 临时堆场应设有防雨布,阴雨天及酷暑天应在现场雕塑抹灰区域周边搭设防雨棚,避免过干、过湿、大风天气对施工造成影响。

8.5.6 抹灰施工可根据情况采用脚手架、登高车等登高设备,但在造型复杂的区域宜使用登高车施工。

8.5.7 脚手架搭设与建筑完成面应预留不小于 400 mm 的距离,并根据设计要求的立面造型及进出关系进行调整。

附录 A 雕塑抹灰材料性能试验方法

A.0.1 本标准中雕塑抹灰材料的试验室试验及干养护条件：

　　1 温度 23 ℃±2 ℃。

　　2 相对湿度 50%±5%。

　　3 试验区的循环风速低于 0.2 m/s。

A.0.2 试验前样品及所用仪器应在试验室试验条件下放置至少 24 h。

A.0.3 雕塑抹灰材料性能试验方法应符合下列规定：

　　1 材料搅拌应按生产厂商说明，称量 2 kg～3 kg 的雕塑抹灰材料，准备雕塑抹灰所需的水，分别称量（如给出一个数值范围，则应取中间值）。在所有项目测试过程中，制备样品时的用水量应保持一致。在符合现行行业标准《行星式水泥胶砂搅拌机》JC/T 681 要求的搅拌机中，应按照生产厂商提供的搅拌方式进行，或者按下列步骤进行操作：

　　——将水倒入锅中；

　　——将造型砂浆倒入锅中；

　　——低速搅拌 2 min～3 min；

　　——取出搅拌叶；

　　——60 s 内清理搅拌叶和搅拌锅壁上的砂浆；

　　——重新放入搅拌叶，再低速搅拌 1 min～2 min；

　　——材料拌合好后，放置 5 min 备用。

　　2 可操作时间参照行业标准《墙体饰面砂浆》JC/T 1024—2019 中第 7.5 节方法进行。按第 7.4 节的方法搅拌材料，在标准试验条件下将搅拌好的材料存放在搅拌锅中，30 min 后参照行业标准《陶瓷砖胶粘剂》JC/T 547—2017 中第 7.8.4 条的操作步骤,用抹刀对砂浆进行梳理,握住抹刀与混凝土板约成60°的角度,与混凝土板一边成直角,平行地抹至混凝土板另一边(直线移动)。

3 初期抗开裂性试验步骤和判定方法参考国家标准《复层建筑涂料》GB/T 9779—2015中第6.10条。制样按生产厂商提出的方法,将产品说明书中规定用量的雕塑抹灰材料涂布于符合现行行业标准《纤维水泥平板》JC/T 412的纤维水泥板表面,试件厚度为20 mm;指触干后,将其置于风洞内的试架上,使试件与气流方向平行,放置6 h后取出,用肉眼观察试件表面有无裂纹出现;同时,制作两个试件做平行试验。

4 抗折强度按国家标准《水泥胶砂强度检验方法(ISO法)》GB/T 17671—1999中第7.1和7.2节的方法成型试件,在标准试验条件下养护5 d后脱模,继续养护23 d至养护完毕,按国家标准《水泥胶砂强度检验方法(ISO法)》GB/T 17671—1999第9.2节规定的方法进行抗折强度测定和计算。

5 抗压强度按国家标准《水泥胶砂强度检验方法(ISO法)》GB/T 17671—1999第9.3节规定的方法,对抗折试验后的试件进行抗压强度测定和计算。

6 收缩值按行业标准《陶瓷砖填缝剂》JC/T 1004—2017中第7.4节的方法进行计算。

7 保水率按国家标准《预拌砂浆》GB/T 25181—2019中第8.1.7条的规定进行测定。

8 拉伸粘结强度按本条所规定的拌合材料,参照国家标准《干混砂浆物理性能试验方法》GB/T 29756—2013中第12.3.1条规定方法成型10个试件,在标准条件下养护27 d后将试件取出,用适宜的高强度粘结剂将拉拔头粘结在试件成型面上,再将试样在标准试验条件下静置24 h。材料试块成型厚度为(5±1)mm。然后按照国家标准《干混砂浆物理性能试验方法》GB/T 29756—2013中第12.3.2条规定方法进行测试,结果按第12.4.1条规定方法进行计算。

9 抗冻性按国家标准《预拌砂浆》GB/T 25181—2019 中第 8.1.10 条的规定执行。

本标准用词说明

1 为了便于在执行本标准条文时区别对待,对要求严格程度不同的用词说明如下:

  1）表示很严格,非这样做不可的用词:

    正面词采用"必须";

    反面词采用"严禁"。

  2）表示严格,在正常情况均应这样做的用词:

    正面词采用"应";

    反面词采用"不应"或"不得"。

  3）表示允许稍有选择,在条件许可时首先应这样做的用词:

    正面词采用"宜";

    反面词采用"不宜"。

  4）表示有选择,在一定条件下可以这样做的用词,采用"可"。

2 标准中指定应按其他有关标准执行时,写法为"应符合……的规定(要求)"或"应按……执行"。

引用标准名录

1 《污水综合排放标准》GB 8978

2 《复层建筑涂料》GB/T 9779

3 《建筑施工场界环境噪声排放标准》GB 12523

4 《建筑用砂》GB/T 14684

5 《水泥胶砂强度检验方法(ISO法)》GB/T 17671

6 《预拌砂浆》GB/T 25181

7 《干混砂浆物理性能试验方法》GB/T 29756

8 《建筑装饰装修工程质量验收标准》GB 50210

9 《建筑工程施工质量验收统一标准》GB 50300

10 《民用建筑工程室内环境污染控制规范》GB 50325

11 《建筑工程绿色施工评价标准》GB/T 50640

12 《建筑工程绿色施工规范》GB/T 50905

13 《建筑涂饰工程施工及验收规程》JGJ/T 29

14 《施工现场临时用电安全技术规范》JGJ 46

15 《建筑砂浆基本性能试验方法标准》JGJ/T 70

16 《建筑施工高处作业安全技术规范》JGJ 80

17 《建筑工程冬期施工规程》JGJ/T 104

18 《机械喷涂抹灰施工规程》JGJ/T 105

19 《抹灰砂浆技术规程》JGJ/T 220

20 《预拌砂浆应用技术规程》JGJ/T 223

21 《建筑用砌筑和抹灰干混砂浆》JGJ/T 291

22 《纤维水泥平板》JC/T 412

23 《建筑生石灰》JC/T 479

24 《陶瓷砖胶粘剂》JC/T 547

25 《行星式水泥胶砂搅拌机》JC/T 681

26 《陶瓷砖填缝剂》JC/T 1004

27 《墙体饰面砂浆》JC/T 1024

28 《预拌砂浆应用技术规程》DG/TJ 08—502

29 《建筑装饰装修工程施工规程》DGJ 08—2135

上海市工程建设规范

建筑工程装饰抹灰技术标准

DG/TJ 08—2357—2021
J 15648—2021

条 文 说 明

目 次

Contents

1 总　则

1.0.2 本标准内容不包含外保温墙面。

2 术 语

2.0.1 水泥砂浆抹灰(非机理饰面—游光面、浮砂面/木蟹面;机理饰面—拉毛灰、甩毛灰、扫毛灰)是江南地区常见传统建筑装饰抹灰施工工艺,上海地区许多历史建筑外墙上都可以见到这些留存,尤其机理饰面水泥砂浆抹灰装饰艺术效果非常好,耐久性也好,建筑装饰成本也低,施工工具简单,是一种优质的建筑装饰抹灰施工技术。主要类型包括水刷石、干粘石、水磨石、斩假石、卵石;常见类型包括假面砖、拉毛、拉条灰、彩色抹灰、雕塑抹灰;其他类型包括机械喷涂、弹涂、滚涂等。

2.0.6 汰石子为上海本地俗称。

2.0.7 斩假石用水泥砂浆不应含黄砂水泥,也有预制混凝土构件形式。斩假石又称剁斧石。

2.0.8 干粘石为20世纪60年代产生的工艺,其骨料为小豆石、石粒、石屑等,又称"干抛石"。鹅卵石饰面特指近现代建筑中常用的外立面做法,是采用鹅卵石做的一种饰面,其工艺与干粘石相同,简称"卵石"。

3 基本规定

3.0.2 冬季抹灰施工时,作业面温度不应低于 5 ℃;抹灰层初凝前不得受冻。

4 材料和工具

4.3 雕塑抹灰工具

4.3.1 "雕塑塑型"是"面层雕刻"的前道工序,"雕塑塑型"主要用于抹灰形体的塑造,"面层雕刻"主要用于肌理纹理的塑造。

5 构造设计

5.2 雕塑抹灰构造

5.2.1 雕塑打底抹灰层包含底层抹灰与中层抹灰。其工序为使用水泥喷浆机将砂浆喷射于钢丝网片上,并将网片覆盖,再使用拉毛工具对表面进行划刻规整、深浅一致的水平纹理,以便于中层抹灰层或雕塑层砂浆附着。根据设计的造型厚度需求,应在需要增厚的部位的打底抹灰上增加一道中层抹灰以达到造型厚度要求。待打底抹灰层进行 24 h 湿润养护后,再次使用设备喷射于打底抹灰层上,其厚度可根据最终雕塑层的需要进行调整,再使用拉毛工具对表面进行划刻规整、形成深浅一致的水平纹理,以便于中层抹灰层或雕塑层砂浆附着。

5.2.3 为防止装饰抹灰层的开裂、脱落及空鼓现象,钢骨架有关的技术要求为:

    2 钢骨架杆件端部距离外包装表皮不宜大于 100 mm,一般采用 20 mm 的打底层,雕塑层不宜大于 80 mm,以防止外包装抹灰层厚度过大出现开裂现象。

    3 钢骨架外需设置钢筋网片是为了防止表皮出现空鼓和脱落现象。

6 装饰抹灰施工

6.1 一般规定

6.1.10 当结构墙体为混凝土墙时,网片应使用气钉枪通过不锈钢钉或镀锌钉,并配合相应的金属垫圈固定;不锈钢网片应使用不锈钢钉固定;固定点距离不应大于 400 mm。当结构墙体为水泥板墙时,网片应使用螺丝枪通过不锈钢螺丝或镀锌螺丝固定,固定间距不得大于 400 mm。

6.2 水刷石抹灰施工

6.2.1 水泥石渣浆不得采用搅拌机进行搅拌。

6.2.3 除了木制分格条外,常用的还包括成品分格条。

6.3 斩假石抹灰施工

斩假石粉刷过程中要求待表面收水时,用茅柴帚一面洒水,一面用木楔打磨平整。分格木条一般在面层斩剁后起出。在气温 5 ℃~30 ℃时,斩假石抹灰面层一般静置时间为 3 d。

6.3.6 剁边缘时应使用锐利的小剁斧轻剁,以防止掉边掉角,影响质量。

6.4 干粘石抹灰施工

现代干粘石抹灰是 20 世纪 50 年代后期在北京首先使用的一

种施工工艺,虽然其脱胎于上海 20 世纪初的住宅中的外墙干粘鹅卵石饰面施工工艺,但一般都采用小粒径的石渣(包括中八厘或小八厘白云石、花岗石粒、小豆石、绿豆砂等),并因其操作简便又能达到水刷石的效果而得到推广应用,60 年代中期和 70 年代前期还出现过清水砂、干粘砂和彩色瓷粒的做法,之后又出现过机喷粘石和机喷石屑的工艺。其在工艺上的特点是采用分格的做法,石渣粒径小的粘结层厚度薄(一般为 7 mm～8 mm),可采聚合物砂浆做粘结层(一般可减小至 4 mm～5 mm),用拍子甩到粘结层上易于排列密实,石渣抛甩后可用铁板、橡胶滚筒压平,露出的非粘结砂浆少,阴阳角处理较为方便等。但该干粘石工艺目前已较少使用。

6.5 卵石抹灰施工

传统的干粘卵石抹灰一般都采用 5 mm～20 mm 的鹅卵石(也有采用碎石的),粘结层由纸筋石灰发展到水泥纸筋石灰、水泥黄砂石灰,现在修缮工程中还有掺入粘结剂的。卵石抛甩方法与现代干粘石基本一致,不同之处是传统鹅卵石很少采用分格的形式,一般情况下的粘结层厚度要稍大,当采用大粒径鹅卵石时阳角部位的施工质量较难控制,容易出现黑边和掉粒等问题。

6.6 水磨石施工

水磨石一般用于室内,因打磨工艺要求较高,一般不会大量使用,多用于 1 m～1.2 m 的墙裙。

6.6.3 素水泥浆的水灰比宜为 0.37～0.40。

6.7 雕塑抹灰施工

雕塑抹灰可以用于室内外装饰,但室内外的上色材料有区别。室外建议采用外墙涂料,室内可采用外墙涂料,也可采用内墙涂料。

6.7.17 施工前,应由技术人员或雕塑师依据造型图纸、三维模型及实体模型等样式,根据施工作业环境、造型特征及制作难点,绘制造型典型节点详图并编制相应的作业施工方案。

6.8 上色施工

6.8.1 上色作业之前应确定要使用的油漆品牌,了解油漆特性,区别使用操作。油漆涂料可分为水性漆与油性漆,不同类型使用方式上有较大区别。油性漆搭配固定溶剂调和使用,水性漆使用清水进行稀释后即可使用。油性漆持久度更佳,一般情况,金属面层上色作业大都使用油性漆;底漆的作用是使后期上色附着力更强,在室外环境中不易掉色,是确保上色维持时间长短的关键;潮湿天气会使底漆不能完全干透,可使用鼓风机吹干或等待 24 h 之后,轻刮底漆表面查看是否掉落;若底漆掉落,可使用砂纸打磨表面或者使用丙酮将表面底漆清理干净,重新喷涂底漆直至牢固;在夜晚或昏暗的地方施工上色易出现色差。

上色分为底漆与效果色,底漆是为了能更好地体现效果色;效果色表现手法有单色喷涂、高光、水洗等,可体现仿真、做旧、卡通等效果,其施工步骤根据造型不同而变化;效果色分为单色效果及仿真效果色。效果色的绘制、撒点、水洗、局部高光等步骤顺序应根据造型效果确定。效果色上色过程中,若因天气炎热造成颜料水分蒸发速度过快而影响效果,则可在上每一道效果色前使用压力喷壶将作业面湿润补充水分,补水太多可使用海绵将水迹吸干。在作业完成后,也可使用海绵将多余颜色抹去并消除人工涂绘的痕迹;透明保护漆又称罩光漆、光油,可起到保护效果色、增加作业面光泽度的效果。若处于容易被破坏的环境,宜使用油性保护漆,耐磨度更高。

6.8.2 样板应展示艺术细节处理措施及最终完成效果。

6.8.4 墙体表面 pH 值大于 10 为高碱性范围,pH 值大于 7 为碱性范围,pH 值等于 7 为中性范围。

6.8.5 上色作业之前,应对所有待上色区域喷涂底漆;大范围底漆喷涂,宜使用空压机喷枪;小范围底漆喷涂宜使用鬃毛刷进行刷涂。

8 施工安全与作业条件

8.4 上色作业

8.4.1 养护尤其重要,如果养护不好,会直接影响工程质量,施工时要特别重视这一环节,夏日防止暴晒,冬日防止冰冻。

8.4.3,8.4.4 天气潮湿会影响油漆干透速度,内层不干透会导致掉色,鼓风机能加快风干速度,从而保证施工进度。

8.4.5 每一层上色作业完成后采取保护措施能有效避免出现污染、破坏等问题而导致返工。位置相邻区域采取隔离保护措施能有效避免颜色相互污染。